24 Janvier 1780
Dumez fils

CATALOGUE

D'UNE COLLECTION
DE MINÉRAUX
DU CABINET DE M**.

Qui consistent en Pierres, Terres, Spaths, Agates, Jaspes, Marbres, Serpentines, Mines d'or, d'argent, &c. & qui viennent pour la plupart d'Allemagne.

Dont la Vente se fera le 24 Janvier 1780, & jours suivans, à trois heures de relevée, rue Saint Honoré, à l'Hôtel d'Aligre.

La totalité se verra les 22 & 23, depuis dix heures du matin jusqu'à une heure après-midi.

A PARIS,

Chez DUMEZ Fils, Cloître Saint Germain-l'Auxerrois.

M. DCC. LXXX.

CATALOGUE

D'UNE COLLECTION
DE MINÉRAUX
DU CABINET DE M**.

PIERRES.

Nº. 1. UN morceau de pechſtein jaune de Hongrie, un de terre à porcelaine, & un de granites à porcelaine de Cornwall.

2 Un pechſtein jaune de Hongrie, & trois pechſteins de Saxe.

3 Un noyau de cryſtaux d'Ametiſte d'O-berſtein; un shorl verd de Salzbourg; un shorl noir entremêlé de quartz blanc de Bo-hême, une ſteatite de Saxe, & une gra-nite à porcelaine de Cornwall.

4 Zeolite blanc dans un bazalte, shorl verd, shorl noir ſur une ardoiſe, & une plaque de ſteatite, tous de l'Iſle de Sley, près de l'Ecoſſe.

5 Deux shorls verds & deux zeolites ſur de la bazalte, tous de l'Iſle de Sley.

A ij

6 Une plaque de ſteatite, un shorl verd, une zeolite cryſtalliſée, une zeolite avec bazalte, tous de l'Iſle de Sley, & une ſteatite de Saxe.

7 Trois aſbeſtes ſteatites & trois shorls de l'Iſle de Sley, & un shorl ſtrié de Bohême.

8 Quatre shorls de l'Iſle de Sley & un ſpath ſéléniteux de Saxe, qui reſſemble à du plomb blanc.

9 Shorl noir avec quartz mica verd, tous deux de Bohême, ſpath phoſphorique jaune, ſteatite & ſpath ſéléniteux, tous de Saxe.

10 Quarante plaques quarrées & polies de ſerpentine de Saxe.

11 Quatre-vingt, *dito*.

12 Trente-trois plaques quarrées & polies de marbre de Bayrenth.

13 Deux pierres à razoir, deux ſerpentines, & onze plaques de marbre d'Allemagne.

14 Dix-neuf plaques polies & quarrées de jaſpe de Saxe.

15 Dix-huit, *dito*.

16 Onze morceaux de bois pétrifié, polis, qui font feu avec le briquet, de Saxe.

17 Dix, *dito*.

18 Sept, *dito*.

19 Dix agates polis, d'Oberſtein.

20 Treize, *dito* de *dito*, & un jaſpe à ruban, de Saxe.

21 Douze agates polis, d'Oberſtein.

22 Onze jaſpes polis, de Saxe.

23 Treize, *dito*.

24 Douze, *dito*.

25 Neuf, *dito*.

(5)

26 Huit, *dito* ; un Ludus d'Angleterre, & une phiole de vitriol de Mars natif capillaire de Stahlberg.

27 Une phiole de vitriol de Mars capillaire de Stahlberg, & deux pierres calcaires, avec dendrites, dont l'une a l'impreſſion d'un ſquelette de poiſſon, d'Italie.

28 Une phiole de vitriol capillaire, de Stahlberg. Criſopraſſ brut de Siléſie, & une pierre avec dendrites, d'Italie.

29 Pierre calcaire avec dendrites, cryſopraſſ de Siléſie, & avanturine trouvée anciennement en Bohême.

30 Quinze morceaux de gypſe cryſtalliſés, d'Oxfordshire ; & une plaque tranſparente de gypſe, de Saxe.

31 Gypſe cryſtalliſé en priſmes ſur du quartz de Hongrie.

32 Trois ſpaths phoſphoriques jaunes, dont deux ſont couverts de petits cryſtaux de roche de Freyberg.

33 Deux *dito*.

34 Deux *dito*, dont l'un avec ſpath calcaire cryſtalliſé, & des tubercules de ſpath ſéléniteux, appelé cauſe de Freyberg.

35 Deux *dito*, avec des tubercules de cauſe.

36 Spath ſéléniteux avec galene ; ſpath phoſphorique avec marcaſſites & blendes, tous deux de Desbyshire, quarts avec ſpath ſéléniteux, & une maſſe de petits cryſtaux de roche, tous deux de Hongrie.

37 Spath calcaire cryſtalliſé de Derbyshire, shorl entremêlé de quartz de Bohême, & ſpath calcaire rouge à double refraction du Hartz.

A iij

38 Spath calcaire cryſtalliſé du Hartz, & ſpath calcaire cryſtalliſé, avec blende de Derbyshire.

39 Deux, *dito.*

40 Deux ſpaths calcaires cryſtalliſés, avec galene de Derbyshire.

41 Deux ſpaths calcaires cryſtalliſés de Derbyshire, dont l'un eſt avec blende & ſpath phoſphorique.

42 Trois ſpaths calcaires du Hartz.

43 Quatre *dito.*

44 Un *dito.*

45 Deux *dito*, dont l'un avec galene.

46 Trois *dito* de *dito*, & un de Derbyshire, avec blende.

47 Trois *dito* du Hartz.

48 Quatre *dito* du Hartz, & deux de Saxe.|

OR, PLATINE ET ARGENT.

49 Mine d'or mynéraliſée de Nayjack.

50 Huit onces de platine.

51 *Dito.*

52 *Dito.*

53 *Dito.*

54 Argent natif mélé de ſpath, de Freyberg, il peſe preſque ſept onces.

55 *Dito* de Norvege, peſant ſept onces & un quart.

56 *Dito* de Freyberg, peſant neuf onces & trois quarts.

57 *Dito* de *dito*, peſant cinq onces & un quart.

58 Un morceau d'argent natif avec ſpath féléniteux, & un autre avec quartz & ſpath calcaire de Freyberg.

59 Argent natif capillaire de Freyberg, argent natif fur une pierre calcaire de Norvege, & argent natif capillaire avec galene, fur du quartz, de Johangeorgenftadt.

60 Un morceau de mine d'argent plumeufe,
un d'argent gris, tous deux de Freyberg,
& un de quartz, avec argent natif & fpath
calcaire de Norvege.

61 Deux morceaux d'argent vitreux de Freyberg, & un de quartz avec argent natif &
fpath calcaire de Norvege.

62 Un morceau d'argent rouge de Johangeorgenftadt.

63 Un morceau d'argent noir avec des tra-
ces d'argent rouge de Marienberg.

64 Un *dito*.

65 Un *dito*, & un d'argent vitreux de Freyberg.

66 Deux morceaux d'argent rouge & un d'argent vitreux de Freyberg.

67 Un morceau d'argent vitreux, & un d'argent rouge de Freyberg, & un de cinnople
mêlé de galene de Schemnitz.

68 Trois morceaux, avec argent rouge, de
Freyberg.

69 Un morceau de fpath calcaire, avec argent rouge du Hartz ; un d'arfenic teftacé,
avec argent rouge & fpath calcaire de Marienberg ; & un qui fournit de l'or par le
lavage, & de l'argent & cuivre par la fufion
de Schemnitz : ce morceau a de l'argent
rouge fur la furface.

70 Un morceau de quartz avec argent rouge
foncé, & qui fournit de l'or par le lavage
de Schemnitz.

71 Un *dito.*

72 Un morceau de mine d'argent rouge de Marienberg, & un de mine d'argent blanche mélée de pyrite de cuivre & quartz, & qui fournit de l'or par le lavage, de Schemnitz.

73 Un morceau de mine d'argent rouge avec argent blanc, & spath calcaire de Marienberg, & deux de cinnople de Schemnitz.

74 Un morceau de jaspe avec bismuth, argent natif & argent vitreux de Johangeorgenstadt, un de mine de cuivre, avec galene & blende, riche en argent ; & un de quartz, avec des taches noires appellé Tiger-Ertz, tous deux de Hongrie.

75 Argent natif capillaire de Freyberg, quartz avec argent vitreux de Johangeorgenstadt, & mine d'argent merde-d'oye verdâtre de Schemnitz.

76 Un morceau de mine d'argent plumeuse de Freyberg, un d'argent rouge de Marienberg, & un de cinnople de Schemnitz.

77 Un gros morceau de mine d'argent plumeuse de Freyberg.

78 Dix petits morceaux & un gros de mine d'argent figurée, de Hesse ; & un de Kapfernickel, très-riche en argent de Freyberg.

79 Trois morceaux de minéral, qui fournissent de l'or par le lavage, & de l'argent & cuivre par la fusion, de Schemnitz.

80 Un morceau de jaspe avec bismuth, argent vitreux & argent natif de Johangeorgenstadt, un de mine d'argent merde-d'oye verdâtre, & un qui fournit de l'or par le lavage, & de l'argent & cuivre par la fusion, de Schemnitz.

81 Un morceau de quartz, avec argent rouge , riche en or , & un de cinnople , de Schemnitz.

82 Un morceau de quartz feuilleté, avec argent rouge foncé de Hongrie ; un d'argent gris de Freyberg ; & fept petits d'argent figuré, de Heffe.

83 Un morceau de mine d'argent grife de Freyberg , & un de cinnople , de Hongrie.

84 Deux morceaux de mine d'argent vitreufe de Freyberg.

85 Deux morceaux de mine d'argent grife de Freyberg , & un de cinnople avec pyrite de cuivre de Schemnitz.

C U I V R E.

86 Quatre morceaux de mine de cuivre de Cornwall.

87 Quatre *dito*.

88 Quatre *dito*.

89 Quatre *dito*.

90 Deux ardoifes avec cuivre de Heffe, & trois morceaux de mine de cuivre du Hartz.

91 Deux ardoifes avec cuivre de Heffe , & trois morceaux de mine de cuivre du Hartz.

92 Une ardoife avec cuivre de Heffe , & quatre morceaux de mine de cuivre du Hartz.

93 Une ardoife avec cuivre , de Heffe ; un morceau de mine de cuivre hépatique rouge de Hongrie ; & deux de mine de cuivre de Swalbach.

94 Mine de cuivre natif de Camsdorf; &
trois morceaux de mine de cuivre du
Hartz.

95 Cinq morceaux de mine de cuivre du
Hartz.

96 Une ardoise avec cuivre, & quatre morceaux de mine de cuivre du Hartz.

97 Quatre morceaux de mine de cuivre de
Swalbach.

98 Cinq, *dito* de *dito*.

99 Cinq, *dito* de *dito*.

100 Mine de cuivre bleue & verte avec cuivre gris, de Furftenberg; & quatre morceaux de mine de cuivre du Hartz.

101 Trois morceaux de mine de cuivre de
Lorraine.

102 Cinq morceaux de mine de cuivre du
Hartz.

103 Quatre *dito* de *dito*, & une matte de
cuivre, avec cuivre capillaire.

104 Trois morceaux de mine de cuivre vert
& bleu de Lorraine, & deux de Camsdorf, contenant cuivre natif.

F E R.

105 Deux morceaux d'Hématite mamelonnée, du Hartz.

106 Cinq morceaux de mine de fer, du
Hartz.

107 Deux morceaux de mine de fer en fta-
lactite, & un de fer fpathique, tous de
Naffau Siegen.

108 Une Hématite brune mamelonnée, &
deux autres du Hartz.

109 Trois morceaux de mine de fer ſpathique, qui contiennent du zinc, & un d'une
mine de fer, appellée Kal, employée
en réduiſant les mines d'étain, tous de
Cornwall.

110 Pyrite martiale mêlée de pyrite de cuivre
de Cornwall, & un morceau de mine de
fer entremêlé de ſpath calcaire en forme de
pierre à boudin, de Salzbourg.

111 Un aimant naturel monté.

112 Un gros morceau de mine de fer en ſtalactite, de Naſſau-Siegen, & un en lames,
avec quartz de Suede.

113 Mine de fer en ſtalactite de Naſſau-Siegen, mine de fer ochreuſe d'Oxfordshire,
mine de fer comme une pierre à boudin
de Salzbourg.

114 Mine de fer avec glimmer verd de Johan-
georgenſtadt ; mine de fer en ſtalactite du
Hartz ; & mine de fer avec jaſpe rouge de
Lorraine.

115 Deux morceaux de mine de fer, appellée Kal, qu'on emploie à réduire les mines d'étain ; un de mine de fer en ſtalactite, avec ochre jaune de Naſſau-Siegen ; &
un de pyrite de Saxe.

116 Trois morceaux de mine de fer ſpatique
de Naſſau-Siegen, & un de mine de fer
comme une pierre à boudin de Salzbourg.

117 Mine de fer ſpathique avec pyrites ;
mine de fer en ſtalactite ; & une Hématite
brune, tous de Naſſau-Siegen, avec un
morceau de laitier ſtrié de fer, de Derbyshire.

PLOMB.

118 Deux morceaux de galene du Hartz, &
deux de plomb verd de Bohême.

119 Un morceau de plomb blanc compacte
d'Ecoſſe ; un de galene entremêlé de pierre
ſablonneuſe, & trois de galene du Hartz,
dont deux ſont riches en argent.

120 Un morceau de plomb verd de Bohême,
un de plomb blanc & verd d'Ecoſſe, &
deux galenes de Saxe.

121 Un morceau de galene avec jaſpe de
Johangeorgenſtadt ; un de plomb blanc, &
un de plomb verd d'Ecoſſe.

122 Un morceau de galene de Derbyshire,
& trois de plomb blanc, verd & noir,
d'Ecoſſe.

123 Deux galenes riches en argent du Hartz,
& un plomb blanc & noir de Freyberg.

124 Deux galenes, l'une avec quartz, & l'autre avec cryſtal de Hongrie ; un plomb
blanc d'Ecoſſe, & une ſublimation d'une
galene du Hartz, en forme de cubes à la
grecque.

125 Deux morceaux de galene de Saxe, l'un
avec ſpath phoſphorique, & l'autre avec
ſpath ſéléniteux & plomb blanc ; trois
de plomb blanc & noir d'Ecoſſe, & une
galene riche en argent de Saxe.

126 Un morceau de plomb noir couvert d'o-
chre, de Tſchoppau ; un de plomb verd
ſur cryſtal, & un de plomb blanc de Fribourg en Briſcau, avec deux autres d'E-
coſſe.

27 Un morceau de plomb verd de Fribourg,
& deux de galenes de Saxe.

28 Deux morceaux de galene riches en argent,
& deux de fublimation de galene en forme
de cubes à la grecque, du Hartz.

29 Un morceau de plomb verd de Fribourg ; deux de galene, & un de plomb
feuilleté rouge, riche en argent, du Hartz.

30 Un morceau de galene avec cuivre, riche en argent de Weiher, & un de plomb
verd de Fribourg.

31 Un morceau de galene avec cuivre, riche en argent de Weiher, & un de galene
de Saxe.

32 Un morceau de plomb verd de Fribourg ; un de plomb noir avec ochre, de
Tfchoppau ; un de plomb noir, couvert de
plomb blanc de Freyberg , & une fublimation d'une galene du Hartz.

33 Une galene de Derbyshire, avec un
plomb blanc, & un plomb verd d'Ecoffe.

34 Une galene de Derbyshire, avec un
plomb blanc & un plomb orangé d'Ecoffe.

35 Deux morceaux de plomb blanc d'E-
coffe, & un de fpath féléniteux, avec galene de Bleyberg.

36 Un plomb blanc & un plomb verd de
Fribourg, & deux galenes du Hartz.

37 Un plomb verd de Fribourg, & deux galenes, riches en argent, du Hartz.

38 Une galene avec quartz de Hongrie ; une
galene avec fpath calcaire, du Hartz, &
un morceau de quartz, avec plomb de cou-
leur orangée de Fribourg.

39 Un morceau de plomb verd de Tfchop-

pau ; un de galene entremêlé de pierre fa-
blonneuse du Hartz ; & un de galene, avec
quartz & pyrite de Saxe.

E T A I N.

140 Quatre morceaux de mine d'étain de
Cornwall.
141 Quatre *dito.*
142 Trois *dito.*
143 Six *dito.*
144 Cinq *dito.*
145 Trois *dito.*
146 Trois *dito*, & un Wolfran avec quartz
de *dito.*
147 Deux *dito*, avec un Shorl, contenant
étain de *dito.*
148 Deux *dito.*
149 Trois *dito.*
150 Trois *dito.*
151 Quatre *dito.*
152 Un petit morceau d'étain blanc, &
quatre cryftaux d'étain de Bohême.
153 Sept *dito*, & un morceau d'étain blanc
de Bohême.
154 Sept *dito*, & un d'étain blanc de *dito.*
155 Quatre *dito*, & un d'étain blanc de *dito.*
156 Quatre morceaux de mines d'étain d'Eh-
renfriendersdorf.
157 Trois *dito.*
158 Trois *dito.*
159 Trois *dito.*
160 Trois *dito.*
161 Trois *dito.*
162 Trois *dito*, & un compacte d'Altenberg.

53 Trois *dito*, d'Ehrenfriedersdorf.

54 Quatre morceaux de mines d'étain de Johangeorgenſtadt.

55 Quatre *dito*, dont un à grains d'acier eſt attirable à l'aimant.

56 Deux morceaux de mines d'étain de Bohême, & un de Wolfran d'Altenberg.

57 Quatre morceaux de mines d'étain de Bohême.

68 Cinq *dito*.

69 Deux *dito*, & un de Johangeorgenſtadt, à grains d'acier attirable à l'aimant.

70 Quatre *dito* de Bohême.

71 Quatre *dito*.

72 Un morceau de Wolfran d'Altenberg ; un de mine d'étain de Bohême ; & un de mine d'étain à grains d'acier attirable à l'aimant.

73 Trois morceaux de mines d'étain de Bohême.

74 Trois *dito*, & l'étain qu'on en retire.

M E R C U R E.

75 Trois morceaux de mines de cinnabre d'Idria, & un entremêlé de quartz de Hongrie.

76 Trois morceaux de mines de cinnabre d'Idria, & un avec quartz de Hongrie.

77 Cinq morceaux de cinnabre du Palatinat.

78 Trois morceaux de cinnabre d'Obermoſchel, & un avec argent gris cryſtalliſé de Stahlberg.

79 Quatre morceaux de cinnabre d'Obermoſchel.

180 Quatre *dito*.

181 Quatre *dito*.

182 Cinq morceaux de cinnabre de Wolf-
stein.

183 Un morceau de cinnabre cryftallifé de
Morsfeld, & trois de Stahlberg.

184 Cinnabre avec cuivre de Stahlberg, &
cinnabre compacte & très-riche de Morsfeld.

185 Deux morceaux comme les précédens.

186 Un riche morceau de cinnabre d'Obermofchel.

187 Cinq morceaux de cinnabre d'Obermofchel.

188 Quatre *dito*.

189 Trois *dito*.

190 Un morceau de cinnabre, qui contient
du bitume de Kircheim, & un de cinnabre
feuilleté d'Idria.

191 Quatre morceaux de cinnabre de Stahlberg.

192 Deux morceaux de cinnabre de Morsfeld, & un avec bitume de Kircheim-
pohlen.

193 Deux *dito*, & un d'argent gris, qui fournit du mercure, tous de Stahlberg.

194 Trois *dito*, d'Idria.

195 Trois *dito* de Morsfeld, dont l'un eft
cryftallifé, & un autre avec galene.

196 Un fort riche morceau de cinnabre d'O-
bermofchel, & un de cinnabre argilleux.

197 Deux morceaux de cinnabre de Morsfeld, & un avec bitume de Kircheim.

198 Quatre morceaux de cinnabre d'Obermofchel.

199 Un morceau de cinnabre cryftallifé de
Morsfeld ,

Morsfeld, un avec bitume de Kircheim ; &
deux d'Obermofchel. ·

200 Un morceau de cinnabre d'Obermofchel,
& un fort riche feuilleté d'Idria.

201 Cinnabre avec galene de Morsfeld, &
deux cinnabres d'Obermofchel.

202 Un morceau de cinnabre avec galene de
Morsfeld, & deux de Stahlberg.

203 Cinnabre avec bitume de Kircheim, &
trois autres de Stahlberg.

204 Cinnabre avec mercure coulant d'Obermofchel, & deux autres fort riches avec
galene de Morsfeld.

205 Quatre morceaux de cinnabres d'Idria.

206 Quatre *dito* de Stahlberg.

207 Cinnabre avec bitume de Kircheim, &
un de Wolfftein.

208 Cinnabre avec bitume de Kircheim, &
deux d'Obermofchel.

209 Cinnabre cryftallifé de Morsfeld, cinnabre avec cuivre & argent gris, qui fournit
du mercure, tous deux de Stahlberg.

210 Quatre morceaux de cinnabres d'Obermofchel.

211 Deux *dito* de Morsfeld, & un fpath féléniteux, avec cinnabre d'Obermofchel.

212 Trois cinnabres de Wolfftein.

213 Un morceau de cinnabre terreux d'Obermofchel ; un d'argent gris, qui fournit du
mercure, & un de cinnabre avec cuivre &
argent gris ; tous deux de Stahlberg.

214 Quatre morceaux de cinnabre de Stahlberg.

215 Cinnabre avec galene de Morsfeld, a-

gent gris, qui fournit du mercure de Stähl-
berg, & un cinnabre de Wolfftein.

216 Cinnabre avec bitume de Kircheim ; cinnabre cryftallifé de Morsfeld, & cinnabre
avec argent gris de Stahlberg.

217 Un morceau de cinnabre avec mercure
corné ; un avec argent natif d'Obermofchel ; & deux avec galene de Morsfeld.

218 Cinnabre & argent natif d'Obermofchel ;
cinnabre feuilleté d'Idria, & trois autres de
Morsfeld.

219 Cinnabre avec mercure corné ; cinnabre
avec argent natif, & cinnabre avec amal-
game dur d'argent, tous d'Obermofchel.

220 Quatre cinnabres de Wolfftein.

221 Cinnabre cryftallifé de Morsfeld ; cinnabre en petits morceaux, avec foufre natif
de Hongrie ; cinnabre des Indes en petits
morceaux, & cinnabre d'Idria.

BISMUTH ET KUPFERNICKEL.

222 Quatre morceaux de mines de bifmuth
de Johangeorgenftadt.

222 Quatre *dito*.

224 Mine de bifmuth, avec galene de Joachimfthal ; & trois autres de Johangeorgenftadt.

225 Quatre *dito*.

226 Quatre *dito*.

227 Cinq *dito*.

228 Cinq *dito*.

229 Trois *dito*.

230 Trois morceaux de Kupfernickel de
Joachimfthal.

231 Une tabatiere de mine de bismuth entremêlé de Hornstein.

K O B A L T.

232 Deux morceaux de kobalt avec efflorefcence verte, bleue & rouge de Soalfeld ; &
trois de Kobalt métallique d'Annaberg.

233 Trois morceaux de kobalt de Schneeberg,
& un de mispikel de Cornwall.

234 Quatre kobalts de Schneeberg.

235 Un morceau de kobalt cryſtallifé de
Schneeberg, & un de bismuth avec kobalt
& galene de Joachimſthal.

236 Six morceaux de kobalt de Schneeberg.

237 Quatre *dito*.

238 Un morceau de kobalt avec ſpath &
efflorefcence de Saalfeld ; un ſpeculaire du
Hartz, & deux de Schneeberg.

239 Kobalt avec galene de Johangeorgenſtadt ;
& quatre autres de Schneeberg.

240 Deux morceaux de kobalt du Hartz.

241 Kobalt cryſtallifé du Hartz, & kobalt de
Joachimſthal.

242 Un gros morceau de kobalt de Joachimſthal ; un cryſtallifé du Hartz, & un de
Schneeberg.

243 Feldſpath avec kobalt ſuperficiel de Don-
nerſberg, & trois kobalts de Schneeberg.

244 Kobalt avec ſpath féléniteux, & une
efflorefcence verte, bleue & rouge de Saalfeld, & deux autres de Joachimſthal.

245 Feldſpath avec kobalt ſuperficiel de Don-
nerſberg ; kobalt ſpéculaire du Hartz, &
deux autres de Schneeberg.

246 Trois morceaux de kobalt de Joachimfthal.

247 Trois *dito* de Schneeberg.

Z I N C.

248 Une calamine de Somerfetshire, & quatre blendes du Hartz.

249 Blende phofphorique jaune, avec pyrite
de cuivre & argent gris de Schoffenberg ;
deux blendes de Freyberg, & une cadmie
phofphorique.

250 Pech blende de Johangeorgenftadt ; trois
calamines blanches de Carinthie, & trois
calamines d'Aix-la Chapelle.

251 Les mêmes que le précédent.

252 Pech blende avec glimmer verd de Johangeorgenftadt ; une cadmie phofphorique
de Freyberg, & une blende phofphorique
de Schoffenberg.

253 Blende rouge fur une pierre ardoifée de
Saxe ; trois pierres calaminaires blanches de
carinthie, & trois autres Calamines d'Aix-
la-Chapelle.

254 Une blende de Saxe ; deux calamines
blanches de Carinthie, & quatre autres
d'Aix-la-Chapelle.

A N T I M O I N E.

255 Antimoine en aiguilles de Hongrie, &
deux autres de Cornwall.

256 Trois morceaux de mine d'antimoine de
Hongrie.

257 Antimoine avec ochre de Cornwall, &
trois autres de Hongrie.

258 Trois morceaux de mines d'antimoine
de Hongrie.

259 Quatre *dito*.

260 Deux morceaux d'antimoine, avec ochre
de Cornwall, & trois autres de Hongrie.

A R S E N I C.

261 Un morceau de mifpikel de Salzbourg ;
deux d'arfenic micacé de Suede ; trois de
realgar, & deux d'orpiment de Hongrie.

262 Un morceau de realgar fur quartz ; &
cinq autres de realgar de Hongrie ; deux
d'arfenic micacé de Suede ; un d'arfenic teftacé, avec quartz de Sainte-Marie, & un
d'arfenic teftacé de Geyer.

263 Arfenic teftacé de Geyer ; trois morceaux
d'arfenic micacé de Suede ; quatre de realgar de Hongrie, & un de regule d'arfenic
de Geyer.

264 Deux morceaux de realgar, & un d'or-
piment de Hongrie ; un d'arfenic micacé de
Suede, & un d'arfenic teftacé de Sainte-
Marie.

265 Quatre morceaux de realgar, & un d'orpiment de Hongrie ; deux d'arfenic micacé
de Suede ; un d'arfenic rouge, & un de mifpikel & quartz de Cornwall.

M A G N E S I E.

266 Un morceau de magnefie, avec fpath
calcaire de Somerfetshire, & un métallique
de Devonshire.

267 Un morceau de magnefie métallique, &

un de magnesie terreuse de Devonshire , &
un gros morceau dè magnesie calcaire de
Somersetshire.

268 Trois morceaux de magnesie de Devonshire , & un échantillon de magnesie terreuse légere , de Cornwall.

269 Quatre morceaux de magnesie d'Ilefeld.

270 Trois morceaux de magnesie de Hesse , &
un échantillon de la magnesie terreuse légere
de Cornwall.

271 Quatre morceaux de magnesie d'Ilefeld.

272 Quatre *dito*.

273 Quatre *dito*.

274 Trois *dito* d'Ilmenau , & un échantillon
de la magnesie terreuse légere de Cornwall.

275 Un morceau de magnesie en grosses
éguilles d'Ilefeld , un compacte de Somersetshire , & un échantillon en poudre de celle
de Cornwall.

MOLIBDENE.

276 Molibdene avec quartz d'Altenberg , *dito*
noir & terreuse d'Ecosse ; *dito* d'Espagne.

277 Molibdene noire d'Ecosse , & une autre
d'Espagne.

278 Molibdene noire d'Ecosse , & deux autres
d'Espagne.

279 Les mêmes que le précédent.

280 Molibdene noire d'Ecosse , & *dito* d'Espagne.

281 Différens autres objets de curiosités , comme coquilles , madrepores , coraux , &c.
qui feront vendus sous le même numéro.

F I N.

Lu & approuvé le préfent Catalogue, ce 19 Janvier 1780. C O C H I N.

Vu l'Approbation, permis d'imprimer ce 20 Janvier 1780. L E N O I R.

De l'Imprimerie de P.-Fr. G U E F F I E R , rue de la Harpe.

www.ingramcontent.com/pod-product-compliance
Ingram Content Group UK Ltd.
Pitfield, Milton Keynes, MK11 3LW, UK
UKHW021043120726
13693UKWH00005B/2393